武夷山外说岩茶

刘牧 著

山东画报出版社
济南

正岩本山全图

144cm×365cm　2019 年

正岩核心产区山场示意图

▲ 三坑两涧 ·大坑口　即岩上大红袍所在区域
　　　　　　 ·牛栏坑　 ·流香涧
　　　　　　 ·慧苑坑　 ·悟源涧

▲ 两窠 ·九龙窠
　　　 ·竹　窠

▲ 两洞 ·鬼　洞
　　　 ·水帘洞

▲ 一峰 ·三仰峰

▲ 一岩 ·马头岩

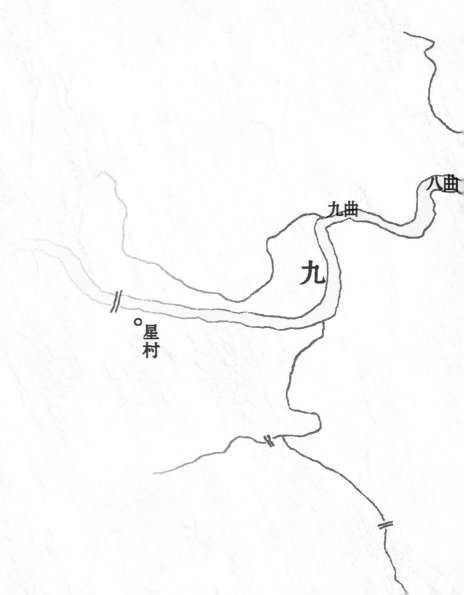

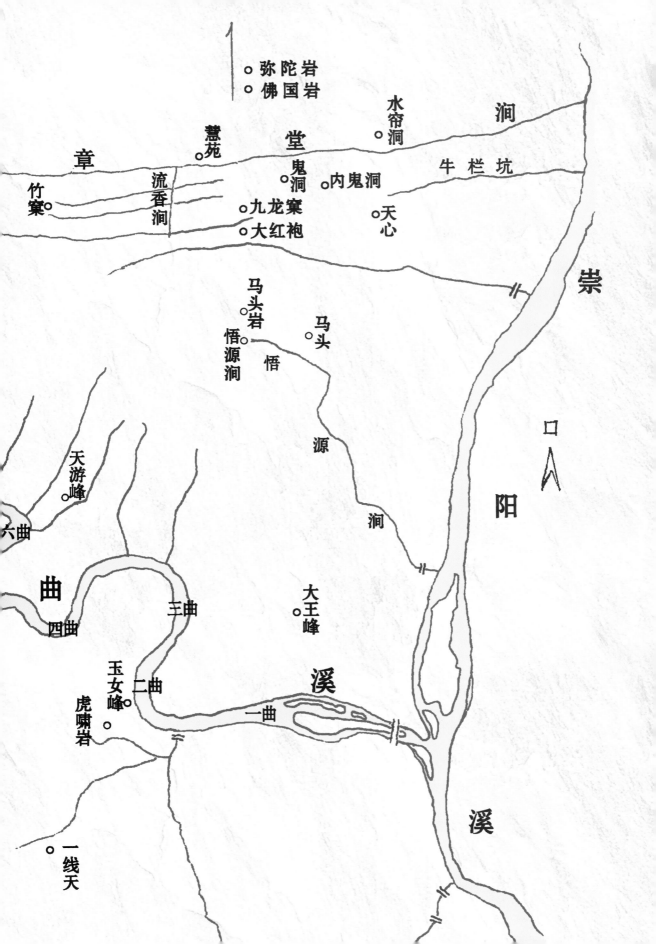

○ 弥陀岩
○ 佛国岩

水帘洞 ○

涧

章 堂

慧苑 ○

竹窠 ○

流香涧

鬼洞 ○ ○ 内鬼洞

牛栏坑

九龙窠 ○

天心 ○

大红袍 ○

崇

马头岩 ○

马头 ○

悟源涧

悟

源

阳

天游峰 ○

涧

六曲

曲

四曲

三曲

大王峰 ○

口

玉女峰 ○

二曲

溪

虎啸岩 ○

一曲

溪

一线天 ○

目录

009 引言

013 岩茶

023 山场

039 辨枞

067 采制

079 做青

097 焙火

107 冲泡

119 岩韵

127 老茶

143 择水

163 用器

171 雅聚

179 后记

流香洞底

55cm×50cm　2019 年

　　武夷有茶，很久远，远在大唐以前。名"岩茶"，记载却近，早见于清康熙年间，天心禅寺茶僧释超全《武夷茶歌》。欲问岩茶，须先知"岩"，因"岩"自具"岩韵"。因"岩韵"，分正岩、半岩山场，正岩、半岩茶。岩茶奇种，异株繁殖，变异名枞颇多。"五大名枞"外，枞种百千计，枞味亦各不同。岩茶传统工艺，滥觞于明末，成熟于清初，发展沿用至今。岩茶制茶工艺极复杂，"做青""焙火"神奇，神奇之处在于"求味"。做青，求"青"味；焙火，求"火"味，味味皆蕴含"岩韵"中。岩茶成茶，讲"山场"，讲"辨枞"，讲"隔年"，讲"冲泡"。冲泡，讲"择水"，讲"用器"，终是讲得最佳之茶味。品岩茶，讲品茶人雅，讲"雅聚"等。武夷岩韵，天下独步，无与伦比。武夷岩茶神仙栽，千古香清甘活来。不是灵芽能穿越，天织地绣人杰裁。

岩茶记

岩茶

　　什么是岩茶？或有多种说法。一说，地域，武夷山所产之茶即为岩茶。武夷山得天独厚，享"碧水丹山"。"碧水"指"两溪"。北向南，荡荡泊泊有崇阳溪。溪名，实为大河，可航。入建溪，汇入闽江入东海。西向东，有九曲溪，九曲十八弯，于"一曲"汇入崇阳溪。九曲或宽、或狭、或激、或缓，能放排漂流。水小时，浅处竹排或能触底；水大时，深处长篙不能探底。

九曲大支脉可名，细小泉流无数。崇阳迤西，九曲南北，遍布岩茶山场。"丹山"，指丹霞地貌之山石。有三十六峰，七十二洞，九十九岩，处处长茶，"无岩不茶"。丹霞岩石，年久风化雨蚀，岩下积淀有足厚的砂砾岩土层。砂砾岩土层虽贫瘠，因有两溪碧水长年滋润，阳光日照充沛，气候湿润温和，地利天时可谓占尽，所长之茶称岩茶。

一说，品种，"大红袍"即为岩茶。"大红袍""白鸡冠""水金龟""铁罗汉""半天天"，号称岩茶"五大名枞"，名枞更有百千数。凡到过武夷山的人，都见过岩上"大红袍"，说岩茶知者寡，说大红袍知者却众；在武夷山非单一品种，多品种混采、混制，皆以拼配"大红袍"名，以"大红袍"代称岩茶。

还有一说，依传统岩茶工艺，"做青"，"双炒""双揉"；"复焙"，"慢炖""足火"工艺制作茶都是岩茶。三说都有道理，并不准确。

大红袍

55cm×50cm×3 2019 年

《武夷茶经》说岩茶，决定因素是山场砂砾岩土层，并因土层厚、薄（即在土层所占比例多、少）分正岩、半岩山场；再分正岩、半岩茶。正岩山场，砂砾岩土约占土壤层 25%～30%。半岩山场，砂砾岩土层少，多为厚岩层红土或黄壤土。在武夷山，有一个不成文的说法："名胜区"内（边界清楚）所产茶，称正岩茶；"名胜区"外（外沿难以界定），凡含有砂砾岩土层所产茶，称半岩茶。武夷山及周边地区，河边、溪畔茶田多是黄壤土，产茶又被称为"洲茶"。洲茶不是岩茶，这在明、清即有记载："茶，依山为岩，沿溪为洲。"

武夷山上溯至黄岗山，桐木关下也有大面积山场，产茶称"正山小种"。正山小种多制作红茶，是世界红茶的发祥地，红茶更不是岩茶。说岩茶，首先看"山场"，"正岩山场""半岩山场"；山场同，再"辨枞"，名枞品种，决定茶的品味特征；品种同，再看制茶工艺，"采制"，"做青""焙火"成败，决定岩茶成茶品质优劣。需要说明的是，岩茶根本在"岩"在山场。岩茶品种，可以影响岩茶成茶品味，但不能决定岩茶品质。任何名枞，一旦移出岩茶山场，即已非"岩"茶；岩茶制作工艺同样，工艺可以决定岩茶成茶品味成、败，佳、劣，但不能把移种出岩茶山场的名枞（即便是"大红袍"）制作成"岩"茶。

御茶園記 顏孟撰

武夷仙山，嚴壑奇為靈芽，䔥葉所鍾乳嚴泉，往往不下數以數其崖，其區頁至千之十畝，今折工者平亭高，公釃以我事入閩成二年道出武崇泰有以后，乳釃者，公美茗忠廬謀始於沖佐道主牘焙作貢成三載更以郷官位大德己，亥公于久巨奉御造茗茲爭遷朝咸，命使就領其事是春乾輝諸岩所祇伏歐列畫鬢芍胜郭人頫役，年劉焙局於陳氏實豈豊量家之四曲峰趣曲列畫，翁然于眾愛卽其中作焙感磨躝殿一極跛躍耀來以兩焙制作二，陳焉而文前厚公庭外峰高屇旁備列舍三十餘間修埕容之規制詳之鎮逼月事

叚自修貢以來寧芽者如日人榮於初貢父三十六孫摘戶才十星紀載周，歲有增益其定錄余戶二百五十頁茶以干計者有以竹計者，余佈此茗火烹採名得夷泉而舂剛泉共實的而殿焉兩，口間近湧登承視鳳泉火坦洲晏市營其丙覺以覺于乙丑四甲子歲，龍口晶洲三十用以後浮芳咪深滕熹烙之建經始於延上用下午整焉咸，三而郊武路提拯家積省要張壁復其宗孫禰童其役而悟社責事則，建寧德管王鼎崇安綿遂菁花亦有力焉歐承委谷協熹舞緘毙先進，關下自是歲以為常惟生朝統一匝乎乾洲夷德澤有餘洽於處類玄章，公肇修貢父作于述忠孚地應老檀泉汲川草木之效珍貝天地君上之母德則盛，春瑞倬茶草生賓其修証洧流沚其禎祥，幣貨則鄌圃興之宜畫貢官邦國之用而藩蓄備其修証洧流沚其禎祥，茇以崗於此矣

建人土以為北地經數百年後此始地在氏八夷又十宋里三，闽殿廛所鬱宬北地殊屑戎盛事于廛仟官達，是刻雨崙山沐觀無歔奏不噫，御顧宗楴孟攙不得幹是用此矣僬，顧受而祇闰聿蒿嵇獻記昆用北獒濊

山场记

山场

　　山场，分正岩山场、半岩山场。说山场，是说正岩山场，半岩山场从略。正岩山场，悉数在崇阳溪迤西，九曲溪两岸，这恰也是武夷山风景名胜区所在。九曲岸南，至一线天、伏羲洞；岸北，至佛国岩、弥陀岩。岸北山场大且优于岸南，是正岩最佳山场，有正岩核心山场即"三坑、两涧、两窠、两洞、一峰、一岩"说。

核心的核心，是岩上"大红袍"。半岩山场，漫无边界，难说清楚。从地貌学看，武夷山属黄岗山余脉，处在福建省"桐木关·大竹岚"断裂带奇观腹地。从西部黄岗山，至东部崇安盆地（三十千米落差达 1950 米，坡降 6.5%）。黄岗山是华东六省第一高山，是赣南、闽北界山（主峰海拔 2160 余米）。自山顶到山脚，从针叶到阔叶，从矮灌到高乔，植被划分五个层带。据说，站在主峰高处常常可见，南向，蓝天白云，晴空朗日；北向，云雾重叠，阴沉低迷，足见造化眷顾迥异。

雨雾牛栏坑
55cm×50cm　2019 年

武夷岩茶，可谓天时占尽，地利占绝。就在这断裂地貌，形成三十六峰、七十二洞、九十九岩"丹山"；且有北向南，崇阳溪相拥，西向东，九曲溪相绕"碧水"，其间即是岩茶正岩山场。九曲岸北，在溪、涧、洞、岩峰间，天地造化出一个绝妙"王"字形幽谷。西东向，章堂涧为北面"一横"、牛栏坑接中间"一横"、九龙窠谷地为南面"一横"，"三横"平行；南北向，流香涧，纵连"一竖"。绝妙"王"字形幽谷及外围，是正岩核心山场。岩上大红袍，长在"王"字"一横"南面岩上，正是天命"岩茶王"。以茶王为坐标，正岩核心山场，大坑口、慧苑坑、牛栏坑，三坑；流香涧、悟源涧，两涧；九龙窠、竹窠，两窠；鬼洞、水帘洞，两洞；马头岩，一岩；三仰峰，一峰，都围拥在岩茶王周边。岩上大红袍属大坑口、九龙窠山场。岩上大红袍西北方，南向北是流香涧。流香涧迤西，四谷、四溪之间，有大面积山场，称竹窠。竹窠采摘青叶量大，挑青（运输）不及，幽谷深处建有茶厂（采制后再运出山）。

恍如身在仙境

55cm×50cm　2019 年

竹窠西南方，是武夷山岩茶最高山场，三仰峰。流香涧迤东，鹰嘴岩后面是鬼洞、内鬼洞。内鬼洞往东，绕过天心岩（天心禅寺），是备受茶人厚爱的"第一山场"牛栏坑。流香涧汇入章堂涧，右向东，先是"百茶园"慧苑坑，继而向前，是水帘洞。在岩上大红袍南，隔山岩有磊石庵（原为道观，后为茶厂），庵前是马头岩山场。马头岩山场，从谷底三面依岩向上，围成簸箕状。马头岩隔岩是悟源涧。悟源涧水长，源头三仰峰，流至悟源涧石刻处

至兰汤入崇阳溪。正岩核心山场，当然是岩茶最佳山场。佳在砂砾岩土层厚，通水、通气性好，酸度适中；佳在溪涧水流充沛，小环境、小气候适宜，岩茶各具特色。核心山场，优于其他正岩山场多矣，所产岩茶皆为名茶。得之其中任一款，都是岩茶缘不浅。核心山场，武夷茶人共识，首推牛栏坑。牛栏坑多种"肉桂"，"牛肉"遂令天下爱岩茶人痴迷。更神奇，最佳山场，还要看具体位置，位置不同，水丰润、土厚薄，小气候不同，茶也不尽相同。"牛栏

坑"山场，被分"牛头""牛背""牛尾"；"牛头"还要夸耀"坑底"，坑底砂砾岩土层厚，临近溪水，岩茶生长最优越。若有缘品到"坑底牛头肉桂"，享其滋味奥妙，才能知道这"神奇之说"不虚。这正合牛栏坑岩上刻石文字"不可思议"（刻石文字并不指"茶味"，是另有故事）。核心山场之外，山场众多。或以峰（三十六）名、或以洞（七十二）名、或以岩（九十九）名，亦或以溪、涧、窠名。求正岩茶，必先问山场。九曲南岸耶、北岸耶？距核心山场，近焉、远焉？何峰、何岩、何洞？

溪也、涧也、窠也？但能有夸耀处，谁都不会掩饰。问题是，正岩山场"范围内"，砂砾岩土层，是否都能达到"正岩标准"？或只算"半岩"，甚或是"洲茶"？武夷景区北门内，崇阳溪西有平缓洲岸，有大面积的茶园；九曲（一曲）下筏码头，半坡之上也有许多茶园，两处是什么山场？确定答案不难，检测一下山场土壤成分就有了，但山场主更愿意"模糊"它的实际情况。正岩山场范围（景区）内产茶，正岩、半岩或是洲茶？只能靠品茶人"经验"自己分辨了。

莫放镜前青眼落 得编故事裹 成之戊
刻

百年老枞水仙

55cm×50cm　2019 年

辨枞记

　　武夷山有一个传说。远古有神鸟食茶籽，遗失武夷
大山深处长出了茶树，这个最先长出茶树的地方被称为
"茶洞"。有了茶树，众鸟再食茶籽，茶树遂遍布武夷山。

　　最早的茶种称"菜茶"，菜茶异株授粉，茶籽代代变异繁殖，品种数多至不清，分名枞、奇种、名种。近代植物学专家，把武夷茶分九大种系。

一九四三年，据林馥泉（著名茶叶专家，二十世纪四十年代初实验茶厂、慧苑所所长）调查，当时记录岩茶，有二百八十花名、八百三十余种。（详见《武夷茶经》）凡游武夷，一定到岩茶沟瞻仰武夷第一名枞，岩上"大红袍"。

　　"大红袍"知名度，比"岩茶"大，常以"大红袍"称"岩茶"。少有人知，"大红袍"只是"五大名枞"之一，其外还有"铁罗汉""水金龟""白鸡冠""半天夭"。不是业内人更少有人知道，"大红袍"名枞还有另外版本传说。传大红袍，另有单株母本（并非岩上六株），是天心禅寺庙产，有刻石"大红袍祖庭"（竟还听到相反版本，实在无从考证）。林馥泉著述：当年曾见证、并详细记录，参与祖庭大红袍制作全过程，仅得初茶八两（当年八两是250克）。岩上大红袍上四株，下两株（为后补种），共六株（不是单一品种，一说三、一说二）。六株混采、混制，得八两成茶（如今八两是400克）。

心中的大红袍

56cm×79cm　2019 年

岩上大红袍已封山禁采多年。业内说岩茶，分大品种、小品种。大、小，以种植面积、产量分。大品种有二，肉桂、水仙。两大品种，各占岩茶总种植面积、总产量三分之一；其他名枞、名种近百，加在一起占三分之一，"五大名枞"亦在小品种内。肉桂，是武夷本山优良品种，产茶枞龄略短，一般没有高枞、老枞说。肉桂茶因独有桂皮辛香气味（南方人习惯称桂皮为"肉桂"）而得名。

武夷名枞示意图

面积：146亩

肉桂

水仙

2023 年　五乐亭
当年竹窠老枞水仙

　　水仙，是一百三十多年前引进优良品种。其母本在水吉县，大湖桃子岗祝仙洞。引种武夷山过程中，水吉方言祝、水同音，被误名为"水仙"。武夷自然环境更利于"水仙"生长，产量高、枞龄长，讲究"高枞"（枞龄六十年以上）、"老枞"（枞龄八十年以上）。枞龄越长，滋味越温润醇厚。当年引种在竹窠的水仙尚在，枞龄已逾百三十年，每年产量尚好，枞味无比绝妙。辨枞，先从两大品种肉桂、水仙开始，进一步，分辨众多小品种。武夷现种有名枞近百，小品种若单采、单制，枞味自然不同；混采、混制，亦因拼配不同，茶味会各具特色。这正是岩茶"辩枞"魅力所在，枞枞不同，一一难以穷尽。

民國三十二年五月十七日已大紅袍採製記錄，為後世留下了彌足珍

貴的史料。其中最讓後人稱道和敬重的是林馥泉呈錄遍存慧

苑坑山場查尋得，巖茶名種八百三十餘，至二百八十名棵花名著

錄。

2014年為武夷品茶之作。曾走訪三坑兩澗茶山，亦无愛慧

苑。自愧不及先賢萬一，然巖茶之愛確已根植於心，武夷歸來，

動筆寫旦武夷品茶圖。神思夢遊，臆筆弛騁，今已為二百八十

幅，均題，各掫花名，以和馥泉先生之著。舉此聊表對武夷茶人品敬

古燕人怪石劉牧齋記 [印]

武夷岩茶图记
33cm×44cm 2019年

武夷岩茶圖記 2018年元月丁酉歲末臘月初三

1940年，中國茶葉公司和福建省合資在武夷山麓興辦。福建省建設廳示範茶廠。示範廠公設武夷、星村、政和各一所，開辟茶園為四千多畝。對岩茶的培育、種植、生產、製作、培訓、研究以及營銷都做了大量的工作。著名茶藝師林馥泉，任武夷所長。在任期間競、業、勤勉工作。為武夷岩茶的發展做出了艱苦卓絕的貢獻。1943年。即民國三十二年。林先生通過詳盡的調查研究，直接生產實踐，對岩茶生產製造及運銷，著述并成為對武夷茶葉之生產製造及運銷。完成了數萬字的《武夷茶葉之生產製造及運銷》著述，內容涉及岩茶生長的具體位置、環境、茶種、名稱、品種栽培、防治災害、面積產量、歷代沿革、採摘時間、人工組織、製作工藝、生產流程、收入

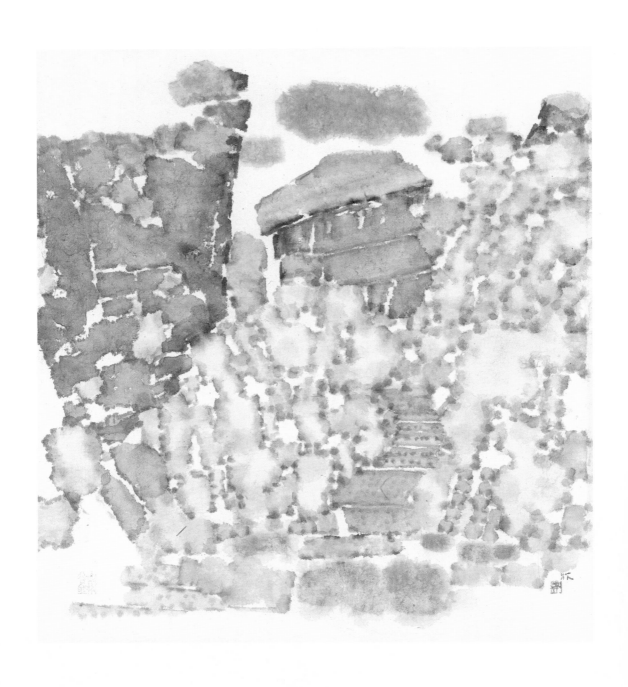

竹寨道中

55cm×50cm　2019 年

慧苑坑老枞梅占

慧苑坑老枞梅占
55cm×50cm 2019 年

武夷山岩茶名枞花名举

武夷山岩茶名枞花名之总计二百八十又一号　　30cm×36.5cm　2019 年

武夷山岩茶名枞花名之正蔷薇　30cm×36.5cm　2019 年

武夷山岩茶名枞花名之金观音
30cm×36.5cm 2019 年

武夷山岩茶名枞花名之正太仓　30cm×36.5cm　2019 年

武夷山岩茶名枞花名之灵芝草　32cm×39.5cm　2019 年

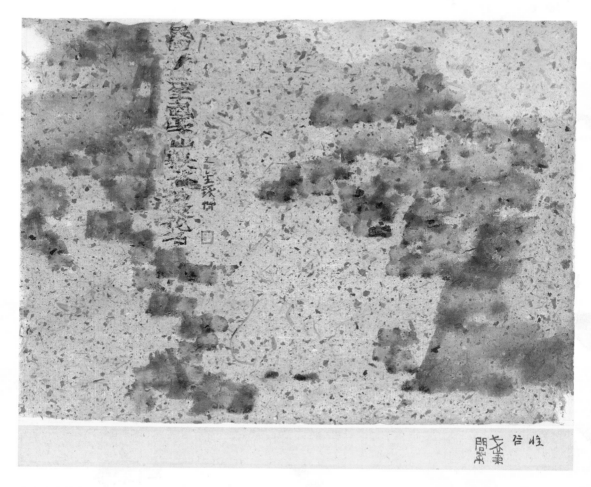

武夷山岩茶名枞花名之金钱草　32cm×39.5cm　2019 年

武夷山岩茶名枞花名之精神草　32cm×39.5cm　2019年

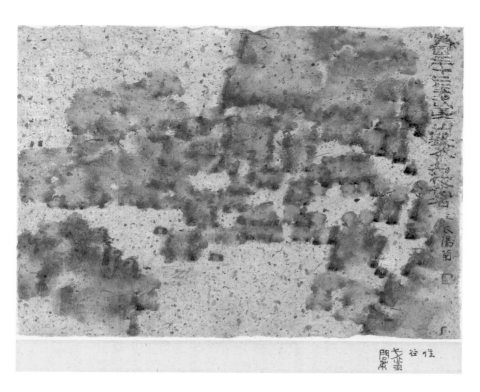

武夷山岩茶名枞花名之太阳菊　32cm×39.5cm　2019 年

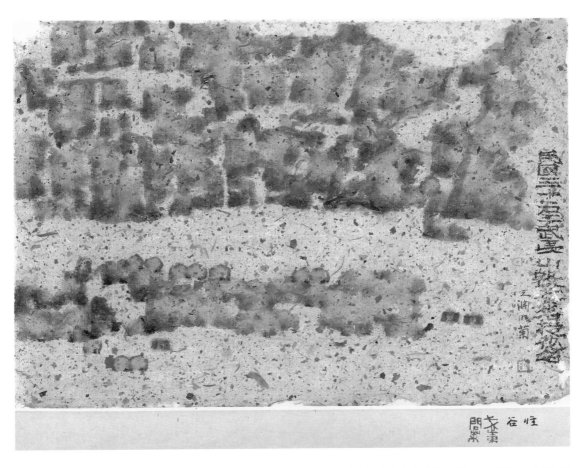

武夷山岩茶名枞花名之渊明菊　32cm×39.5cm　2019 年

武夷山岩茶名枞花名之夜明珠　44.5cm×33cm　2019 年

武夷山岩茶名枞花名之名橄榄　44.5cm×33cm　2019 年

武夷山岩茶名枞花名之吊金龟　44.5cm×33cm　2019 年

武夷问茶
102cm×41cm 2019 年

采制记

岩茶春采时间相对要晚，谷雨节气前后（四月中旬到五月中旬）一个多月内完成。由于品种多，依采摘先后，名枞被分为，早生种一个；中生种十九个；晚生种三十四个；还有特晚生种十六个（详见附录）。

两大品种，肉桂、水仙都是晚生种，采制时间，在立夏节气前后十天之内。每块茶田，芽叶生长的情况不一，采摘要看茶叶"开面"（芽、叶面打开的程度）。早不可，晚不可，时令不等人。

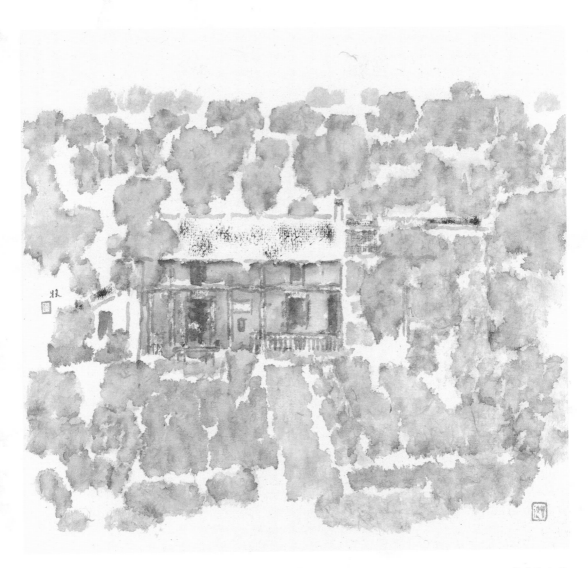

慧苑坑人家
55cm × 50cm
2019 年

采摘岩茶，或一芽三叶（也有两叶或四叶）。采即是制的开始。岩茶制作工艺复杂，分为两大部分，做青，焙火（须分章专述）。做青、焙火，分开进行，各自在资深技师指导下制作。

简言之，做青"紧"；焙火"慢"。做青，一旦开始便不能停，每一款茶，从青叶到初茶，前后二十多个小时，一气呵成，不可懈怠，充分体现一个"紧"字，非常紧张。

初茶（俗称毛茶）放置十天（称回潮），捡去梗、黄片，交由焙火师傅进行"复焙"。复焙，轻火、足火因需求不一，焙的程度不一，即复焙的时间、次数不一样。轻火，香气显；足火，韵味厚。复焙，要小火、要匀火，慢慢地焙，称作"小火慢炖"，每焙一火，一般都要十多个小时；每焙一火后，要置放二十五天、三十天、三十五天，放置的天数，是随复焙的次数增加而增加。充分体现一个"慢"字，是慢慢焙成。

岩茶品种繁多，种植量大，采制一时，受场地、人工、时间限制，精品成茶上市时间，早八月下旬，晚十月中旬。岩茶是，春采、夏制、秋品尝。

三仰月

55cm×50cm　2019 年

采制举例

二〇二二年牛栏坑肉桂，采制过程实录：五月二日，上午采摘，下午做青，次日早晨结束。放置，五月二十日复焙，先后五轮火，至十月十四日结束，历时四个半月。

附录　早生种　中生种　晚生种

武夷山当地春茶适采期先后分，早生种，四月中旬；中生种，四月下旬；晚生种，五月上旬；特晚生种，五月中下旬。

早生种：正白毫（一个）。

中生种：铁罗汉、金锁匙、玉麒麟、老君眉、向天梅、灵芽、醉贵姬、金鸡母、红海棠、小玉桂、九龙奇、岭下兰、鹰桃、大红梅、九龙珠、正太阳、素心兰、北斗、白瑞香（十九个）。

晚生种：大红袍、白鸡冠、半天妖、水金龟、白牡丹、不见天、瓜子金、玉笪、石中玉、岭上梅、老来红、状元红、月桂、金丁香、紫罗兰、紫竹桃、王母桃、香石角、关公眉、金罗汉、红孩儿、山楂子、肉桂、小红梅、正太阴、玉井流香、留兰香、正柳条、过山龙、绿绣球、竹叶青、金桂、百岁香、仙女散花（三十四个）。

特晚生种：雀舌、醉水仙、玉蟾、正玉兰、九龙兰、小叶柳、石观音、广奇、玉观音、醉贵妃、胭脂柳、醉八仙、红鸡冠、红杜鹃、不知春、醉墨（十六个）。（以上附录见《武夷茶经》）

御茶园记 136cm×67cm 2019年

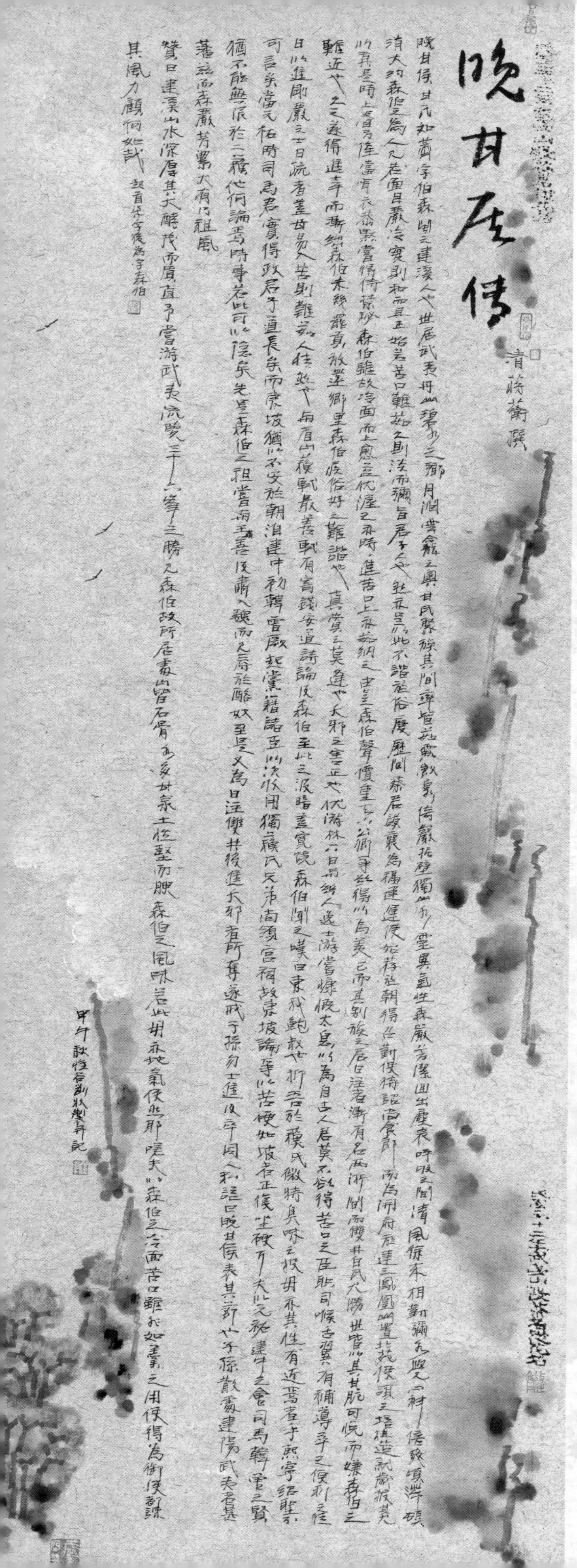

晚甘侯传　137cm×50cm　2019年

做青记

做青，是指从青叶制作成初茶（毛茶）。传统工艺，分八个步骤。

一是，采青。采青，晴天最好，阳光是做好茶的重要"条件"。

二是，倒青（即萎凋，让青叶水分流失）。倒青，又分成两步，先是匀摊青叶于水筛中，晒青架上，在阳光下晒青（俗称开青）。晒青，要掌控阳光、风速、湿度，最要紧是把握时间，青叶不同，耐受度不一样，晒时间不尽相同。晒青后，两筛并为一筛，移放室内架上，称为晾青。倒青，是控制萎凋的程度，"宁轻勿过"。阴雨天倒青，用加温办法烘青，没有阳光倒青，全凭师傅经验，比晴天倒青效果必然差许多。

三是，做青。做青，有两个重要手法，即摇青、做手。摇、做同时进行。晾青架上放置一个时辰（两个小时），室内第一次摇青。摇青后，仍放置晾青架上一个时辰，第二次摇青。看青叶颜色变淡，合三筛为两筛。摇青同时，用双手掌合拢，轻轻对拍青叶十余下，俗称做手。做手，是为弥补摇青叶缘相互碰撞不足，更易于茶青发酵。做手后青叶再摊放，水筛边沿留出二三寸空处，以利青叶通风。再放一个时辰，第三次摇青。摇青、做手，次数、轻重以及并筛，看青叶变化决定增加或减少，所以有"看青做青"的说法。

流香亦流霞
55cm×50cm　2019 年

茶叶神奇，整片叶子正面到背面，从纤维组织到茎脉，有一个极其细密的"水网"。

青叶生长，借助这个细密的"网"，从下向上，根、干、枝，汲取地利（营养）；借助这个细密的"网"，从上面接收阳光、雨露、空气，相互作用，获得天赐（滋养）。就在做青过程中，能出现一个"神秘"现象，本来已

经萎凋的青叶，放置一定时间，再膨胀恢复弹性，制茶师傅称之为"还阳"。

实际是，深层茎脉所含水分，通过这个神奇细密的"网"向表层扩散，使青叶"还阳"。青叶"还阳"，是青叶在动态中发酵。第四次摇青、做手、并筛后，水筛摊放青叶，外沿留出空边，堆成一个环状凹形，以利通风、降温，不致使青叶发酵过度，称"围水"。

做青，摇青、做手、置放，一般六至七次；用五六个或七八个时辰（一时辰两小时）。最后一次摇青、做手，非常关键。当青叶由青草香转成清香，叶面清澈、叶脉明亮，叶色黄绿、红边显现，叶面凸起成龟背形，说明做青（发酵）程度已适度，即终止做青。

四是，炒青与揉捻。炒青即杀青，铁锅高温，用手翻动，看茶青柔软带水即取出，趁热在竹箩筛中揉捻。至叶汁足量流出，茶青卷成条形，再进行复炒。复炒温度低些，时间短些，取出复揉，时间也要短。双炒、双揉，是岩茶制作独特工艺，也是最重要环节。它不只对岩茶香、味、韵大有作用，也决定着岩茶条索定型、形态。"蜻蜓头""蛙皮背""三节色"，皆形成于双炒、双揉制茶工艺。

岩边水边茶田
55cm×50cm　2019 年

　　五是，初焙（俗称"走水焙"）。双炒、双揉后，茶青进入封闭焙房，匀摊于焙笼中，放在高温焙窟上，前后翻拌三次，并逐渐由高温窟向低温窟后移，直至下焙。同样一气呵成，不能中断。初焙，是用炭火烘去双炒、双揉后留在茶青表面、浅表层水分。下焙后，茶青水分已去六七，呈条索状。

　　六是，扬簸。下焙后扬簸，在焙房内进行，用簸箕扬去黄叶、碎片、茶末及其他杂物。

　　七是，晾索。簸过茶索，匀摊入水筛中，移出焙房，搁置在通风走廊晾索架上。

八是，剔捡。捡去茶梗，未簸干净黄片，以及未成条索硬叶片。

做青全过程，师傅眼、鼻、手，乃至耳朵都用到，当然更要紧是用心。用心观察，青叶在制作过程中每一细微变化以及时应对。许多做青师说，做青时候，是心和青叶的"交流""对话"。做青工艺，每一环节出现失误，都能使茶（青叶）"毁"于一旦。你若"懂"茶，茶会用味道"告诉"你，怎样做"优"，怎样做"劣"。听一位有经验做青师傅这样说："每次摇青时，感觉、嗅到都不一样。第一次摇青，是为了青臭味儿到来；再摇青，是为了青香味儿到来；第三次摇青，是为了清香味儿到来；第四次摇青，是为了花香味儿到来；第五次摇青，是为了花果香味儿到来；第六次摇青，是为了果香味儿到来。"岩茶工艺，由"生"到"熟"的过程，是求"香"的过程。"香"，由（青叶）水的变化、温度的变化，时间的把控、推进而来……这太神奇了！

武夷有茶冠天下
54cm×56cm　2019 年

做青举例

二〇二二年，牛栏坑肉桂做青过程实录：
二〇二二年五月二日，阳光明媚。采青时间，
九点四十至十一点三十。位置，牛栏坑下段、
坑底。女工十二人，采青叶四百五十斤；晒青
时间，十三点至十五点四十（室外，阳光，大
树下，半阴凉处）。晾青时间，十五点四十，
至十六点五十（室内，做青间晾青架）；做青（摇
青、做手）时间，十六点五十。手工竹筛摇青，

第一次摇青，三分钟左右，放回晾青架（其后
五次同）。第二次摇青，十八点三十，五分钟
左右。第三次摇青，二十点三十，七分钟左右。
第四次摇青，二十二点三十，七分钟左右。第
五次摇青，零点（五月三日），十分钟左右。
第六次摇青，三点三十，合并青叶入做青桶。
做青桶摇转时间、次数，以及出桶、窝堆、晾青；
再次入做青桶，摇转时间、次数，以及再出桶、

解肥緣象奉官一曰不欲醫而便苦碗之動者也余嘗為柳臺繡篆因監其滌爐研
鳥之甲乙遠運如劉雙井如掟日鑄如響易象苦則爭齠日則履滯唔離寄舊今人
余巨鄴樣或曰黑墨高論欲刑其汲清翁曰啖江之鞭州嚴遠之蒙須野陽之郡需高
承州漢臨體爰優之墨傳臨鷦作之心幷不得已而去其三則昧爾齊之墊句戲硫慶濟露
是州漢臨體爰優之墨傳臨鷦作之心幷不得已而去其三則昧爾齊之墊句戲硫慶濟露
虎鶴藥之朋麻滴翁於是酌岐山之釁醴爹伊聖之湯液研附于邪得投以熬萬陵之墼

窝堆、晾青，一切由做青师傅根据青叶状况，眼看、鼻闻、手触视情决定。五点二十，做青结束，青叶呈"三红七绿"状。紧接其后，炒青、揉捻、烘干。五点三十开始，铁锅温度 530 摄氏度，用手翻炒，炒"熟"后揉捻。一次揉捻后，降低温度复炒，再次揉捻。再后，走水焙（即烘干）两次。双炒、双揉，两焙一气呵成。称重，得初茶（毛茶）九十三斤（茶青三百五十余斤水被做青做掉了）。做青全过程，在七点五十结束。

焙火记

　　焙火，准确说是复焙（俗称足火）。复焙，是为保持茶香、茶质不减损，焙到足干程度。火温，比烘干初焙低，用特制竹炭（岩茶有竹香味浸入也未可知）。炭火，必用点燃三天，旺盛"活"火。复焙次数，看初茶（看品种、品质，看正岩、半岩，看山场即耐焙度，及品饮口味要求）决定。一般品质茶，足火复焙只进行一次，至多跨年再复焙一次，以抑制返青，保持茶香、茶质不改变。

武夷山外说岩茶

一般品质茶，经不起，也没有必要多次复焙。复焙，将成茶平铺于焙笼中，置焙窟上，焙至三十分钟，倒入软筛翻茶，翻匀，倒回焙笼。再焙近四十分钟，进行二翻。再焙近四十分钟，进行三翻。三翻后再焙近三十分钟，用手捻茶即成末，已为足火，即可起焙。操作中全凭焙火师傅经验，视成茶复焙过程中情况灵活把握。

　　每次翻茶，对焙窟火堆，要进行"刮灰"（用焙刀刮去炭灰）、"开火"（用焙刀插入窟沿撬动），使火力保持前后均衡。文火慢焙，俗称"炖火"。炖火时间，炖火次数，根据相应情况把握。炖火下焙，复焙已经完成，成茶放置通风处晾至常温密封装箱。"炖火"技术高超，为武夷岩茶特有。焙火师傅于"炖火"中，以火调香，以火调味，岩茶内质进一步转化。"炖火"，提高了岩茶耐泡度，使汤色澄亮，香气熟化，韵味升华。

岩茶复焙足火后，条索色泽油润饱满，称"宝色"，"焦糖香"独特。高品质岩茶复焙足火，"足"也不同；炖火，"炖"也不同；"足""炖"且"慢"，费时且长。每次下焙，要间隔时间，间隔时间长短，全凭资深焙火师傅根据所焙成茶具体情况定夺，每位师傅把握经验独到、各具特色。清代著名文学家梁章钜曾著文赞美，"武夷焙法，实甲天下"。

去水帘洞的路上
55cm×50cm　2019 年

二〇一五年那場雪
梧桐樹瀾下得大了些
雖然未嘗觀其見
夢中皆是真切
作台製

举 例

　　二〇二二年，牛栏坑肉桂复焙情况实录：初茶放置十天，剔捡五天，炭火点火三天后，五月二十日，开始复焙（炖火）第一次焙火。下焙放置二十五天后，六月十八日，开始第二次焙火。下焙放置三十天，七月二十日，开始第三次焙火。下焙放置三十余天，八月三十日，开始第四次焙火。下焙放置三十天后，十月十三日，开始第五次也是最后一次焙火。前四次焙火，每次焙十三个小时；最后一次焙火，焙二十个小时。在"慢炖"焙火的过程中，每半个小时翻一次，并"刮灰""开火"，调整炭火温度。每次下焙放通风处，茶晾至常温，然后密封装袋、装箱放置到下一次焙火。放置，也是焙火的重要部分。焙后放置，茶（叶）通过自身系统（"水网"），把浅表到深层的水分调节均匀（放置不足，再焙易夹生，夹生对茶味影响极大）。足火复焙，十月十四日完成。九十三斤初茶，得足火成茶四十七斤（近一半水分又焙掉了）。密封装箱，十七日，寄至五乐亭茶肆。

冲泡记

　　岩茶品饮，择要参照"功夫茶"冲泡方式。在武夷山亦是岩茶等级审评、岩茶大赛审评的冲泡方式。成品岩茶审评，未冲泡前，被称"干茶"；冲泡后，称"叶底"。冲泡前，先看"干茶"外形条索、色泽、整碎、洁净度；冲泡，品味岩茶内质，汤色、香气、滋味；品味后，看"叶底"外形颜色，分辨茶青或丰腴、或贫瘠，以及工艺制作或优、或劣。评出特、一、二、三等级。审评对每个等级的岩茶，方方面面都定有明确标准。评审后，按等级定价、销售。

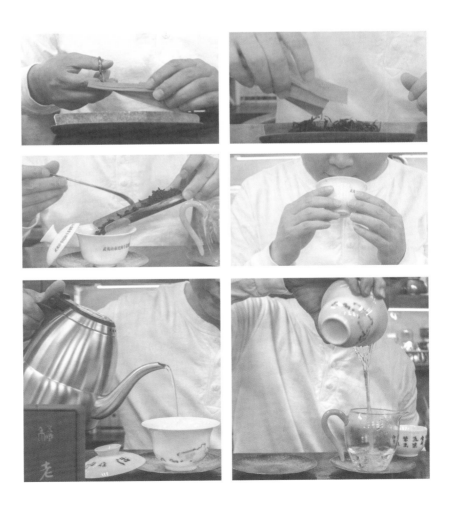

武夷茶园谷雨天　54cm×56cm　2019 年

　　岩茶品鉴冲泡（一般多依审评方式），用标准白瓷盖杯、玻璃公道杯，投茶八至十克。有三要：

　　一要，水温。水温保持沸点（100～98℃）最重要。温杯，投茶、摇碗，闻干茶香。悬壶高冲，干茶在杯中旋转，冲泡均匀。出汤，入公道杯。观茶汤色泽，闻杯盖、公道杯底香。分茶，入小盏。三口慢品，盏尽、闻盏底香。学会"啜茶"（茶汤在口中鼓荡），体会茶在口腔、两腮、舌下、喉咽乃至鼻腔，香、清、甘、活变化，及绵润、柔滑、醇厚微妙感觉。特级岩茶耐泡，可冲水七八次以上，前三次冲泡茶气最佳。五泡之前，茶气递进不减，且进且变。碗盖、盏底香，每泡每变。

　　二要，坐杯。冲泡入水至出水时间，称坐杯，把握每一冲泡坐杯时间最重要。六七次冲泡，从第一次到最后一次，坐杯时间，从数秒、十数秒、二十数秒，逐渐增加。坐杯时间，视茶而定，以茶味被充分递进、挥发为则。

　　三要，看茶。看茶冲泡，实是知茶冲泡最重要。岩茶品种繁多、山场各异，制茶工艺把握不尽相同。新茶，隔年茶，茶等级、耐泡度等不尽相同。泡茶人要知茶，不知茶即不知冲泡，只有深知每一款茶，才能把不同茶，不同味道，最好地冲泡出来。同一款茶，同样条件，冲泡出的茶味道，足以见泡茶人技艺高下。

冲泡举例

二〇二二年，十月十八日下午，地点五乐亭茶肆，牛栏坑肉桂新茶审评记实：干茶条索，形状肥壮、紧结、沉重，色泽油润，深褐绿色。温盖杯，投茶八克许。轻摇盖杯，声音清脆。闻干茶，有桂皮香、花香、果香，及明显焦糖香。银壶煮沸桐木关泉水，高冲入杯（碗），茶香随即四溢，极诱人。香气徐徐溢出五乐亭，十米之外或可闻。第一泡，坐杯，五至八秒。出茶，入玻璃公道杯。闻香，牛栏坑特有山场气息"青草香"扑鼻即来。

汤色，橙红通透如玉。啜茶，滋味醇厚，绵软或可溶化。略顿，生津回甘立显。舌上，桂皮辛香味强大。舌下，生津若泉。齿龈留香，有喉韵，带着足焙火味。盏底，尤其是公道杯底，挂着清馨山间野花香气。无语，品鉴人心已入茶。第二泡，坐杯，八至十秒，汤色橙红渐深，更加透亮晶莹。茶气强，再生变化。入口，更淳、更滑、更润、更厚，桂皮辛香气增加，花香化出果香、乳香，馥馥郁郁，绵绵不绝。无语，茶气引人冥想。第三泡，坐杯，八至十秒，茶气更强大，又上一格。茶汤，呈琥珀色，通透温润。晃动，粘杯、有沉重感，其美，可比干邑白兰地酒色。山场青草香气，乳香、果香加入，合并为水蜜桃香。入口更妙，质感充盈，又觉空灵，满口团团绵绵，一时似不觉齿龈、舌颊在。下咽无觉，无咽无喉，甘暖软流直入腹底。茶气上头，竟如酒。感觉，因人而异。在额，若角；在颅，如箍，让人百思不得其解。再闻杯底，乳香浓郁，眼前一亮，顿生错觉，恍惚在武夷碧水丹山间。"好茶！"品茶人交口称赞，各美其美不止。第四泡，坐杯，十秒余，茶气到最佳状态，茶汤清澈，琥珀色美轮美奂。茶香依旧，且浓且久。全身发热，手心、脚心、腋下微汗，有暖气嗝出。心身松弛，汗毛孔皆豁然张开，舒服极了。语言、文字在此刻显得匮乏，美妙享受，实难以形容、难以描述。第五泡，茶气，出现拐点。坐杯，十五秒。汤色，

未见递减，仍为透亮。香味持久，综合香气里多了熟糯米香、干果香。如果说，五泡前凸显青香、鲜香；五泡后渐显熟香、浓香，甘味也浓了。第六泡，坐杯，十五余秒，茶气与第五泡相近。汤色略淡、香气略弱，肉桂辛香，弱化为桂皮香。第七泡，坐杯，二十秒。茶气再减，汤色再浅，茶香弱而甘味不变。要说的是，岩韵一直充沛。牛栏坑肉桂，岩韵冠绝岩茶，除岩上"大红袍"母树，为武夷第一。是日试茶，妙不可言，无可挑剔。品鉴时间点太急了些（刚刚下焙第三日）。五焙足火，尚需放月余的时间，茶叶自身系统须平衡"水""火"，茶味才能得以最佳、最美发挥。确实，月余后，"火"渐消，待到元旦、春节，壬寅牛栏坑肉桂茶味绝妙无比。

岩韵记

　　岩茶，若是不知岩韵，即是不知岩茶。何为岩韵？说明白也难，须"心领神会"。岩韵众说纷纭，总可归为两类。一说，略宽泛：凡岩茶不同于它茶之处皆是岩韵，概括为"香、清、甘、活"。再细说：其"香"，有干茶香、冲泡香。干茶香、冲泡香又分生（青）香、熟（焦糖）香。特级岩茶，香气丰富无比。生（青）香有草香、蒿香、花香、果香、乳香、菌香、木香等；熟（焦糖）香有干果香、果酒香、熟糯香、糕点香、熟奶香、咖啡香、参香、丹药香等。人联觉不同，生香、熟香感觉会有差异，极丰富，难以尽述；其"清"，干茶色清，油润深沉，干净整齐。冲泡汤清，洁净明亮，色泽通透、澄澈晶莹，沿公道杯能见一道金色环。品饮味清，绵润醇厚、顺滑舒爽、纯净无芜；其"甘"，指回甘，先清苦、后甘甜，且一甘到底，冲泡后再煮仍甘味不变。

喝上等岩茶，少见"茶醉"，是甘味足以养人。"舌本常留甘尽日"，是说喝好岩茶嘴里一天都是甜的。其"活"，干茶言活，无干枯之状、无腐朽之气。且存且变，活性经久。茶汤言活，不止回甘快，舒朗爽口，绝无滞涩。品鉴，因时令变而变，因品鉴人变而变。"气味清和""释燥平矜，怡情悦性"历代茶人评述最多。茶味言活，是说茶味在不断变化，丰富变化。

自冲泡始，其香、其清、其甘，随泡随变，难尽其详。是"香、清、甘、活"，以"活"为纲。岩韵"重味以求香"，与它茶比较，岩韵为：更香、更清、更甘、更活。一说，较具体：

岩韵乃"岩骨花香"，或说"岩石味"。

何为"岩骨"？石头啥"味"？答一时也难。有具体分析知道，岩韵在岩，决定因素是"砂砾岩土"。岩韵有无，不在品种，不在制作工艺，同在武夷山，同样品种，同样制作工艺，不在砂砾岩土层生长，茶就没有岩韵。事实清楚，品种不能，制茶工艺不能，使没有砂砾岩土层所长之茶产生岩韵。恰恰相反，外来品种引种在砂砾岩土层之上，即具有岩韵成为岩茶。早期的，水仙品种是；后来的，铁观音也是。更奇妙还有，以非岩茶工艺（如白茶工艺）制岩茶（砂砾岩土层所产茶），岩韵却"在"，茶滋味不同，少了工艺特色而已。何为岩韵、

岩韵何在？岩茶有味道，岩韵却在"味道"之外，能实实在在感觉到。

举例说，用岩茶传统工艺制作，"吴三地"山场（没有砂砾岩土层）"老枞水仙"，其"香、清、甘、活"，并不逊于有砂砾岩土层老枞水仙岩茶，但唯独没有"岩韵"。相比岩茶，"吴三地老枞水仙"柔若无骨，轻若丝绵，少了什么？少了"岩骨"。其"骨"若何？茶汤，若糯米之汤，且清，若糯米汤稍沉淀后最上一层精华，俗称"米油"。这"油"且粘，如好酒挂杯；且厚，含于口中，绵软若团；且沉，"软绵团"于舌之上，有量感、质感。香、清、甘、活尤其是香，被这量感、质感放大了，岩茶人往往以"茶气"说"岩骨花香"，"花"香显，"岩骨"藏，岩韵是藏隐之"骨"。"香"容易感知，"骨"的确难以说清。尤其是对初喝岩茶的人确也难说明白。何况，能喝到正岩好茶，本来就是可遇不可求极不容易的事。不要忙着说岩韵"子虚乌有"，先喝到"岩"茶，喝到"正岩"茶，才可能知道岩韵唯岩茶独具。当然希望，有茶学专家研究岩韵，能给出一个明确的、能感觉得到的、令人信服的科学答案。武夷山人说，能喝到岩茶，是"福人"；能喝出岩韵，是"高人"；能在武夷山喝岩茶、享岩韵的是"仙人"。人生苦短，何不当一回"仙人"。

"岩韵"外，再说个故事。张天福老，茶叶界无人不知、无人不晓。这不仅因为他尊为"茶学界泰斗"，中国近代十大茶专家之一；不仅因为他创办了福建省第一所茶校，培养一批茶专业人才，在茶学及教育方面作出重要贡献；不仅因为他在茶（尤其是岩茶）的生产、科研方面作出重要贡献，还因为他老人家，活到一百〇八"茶寿"，因茶健康长寿，是真"茶人"。这比联合国教科文组织公布科研成果，"茶多酚""儿茶素"，有益于人身体健康；岩茶科研发现，岩茶"茶多酚""儿茶素"保有数据高于其他茶类，更有说服力、更有公信度。张老有"天福"，更有"茶福"，是茶叶界的活"神仙"。

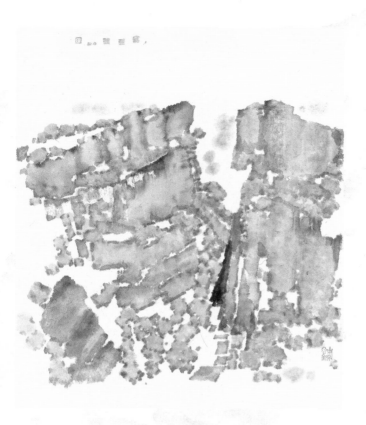

悟源乎

55cm×50cm　2019 年

老茶

记

丁酉亥

不幸居

性俗

武夷仙人従古栽
宋茶神庿

漢遺奇茗冠天下

種名 漢羅鐵 選特

裝包拾

武夷岩茶

大岩老欉水仙

中国福建省武夷山白云茶

说老茶，不是说枞龄高枞、老枞。在武夷山，茶树超过五十年称"高枞"，超过八十年称"老枞"。现在市场流通能见到的，有"老枞水仙""老枞梅赞"（一说梅占）。说老茶，是指隔年、经年成茶，当然经年老枞更佳。"雨前虽好但嫌新，火气难除莫近唇。藏得深红三倍价，家家卖弄隔年陈。"这是明末清初，周亮工写《闽茶曲》十首中第六首。看来讲究喝老茶并非近年才有，已经很久远了。茶人早就发现足火岩茶，活性还在，经年还要变化，会进一步深度发酵。有实证，足火岩茶，五年，有普洱"青饼"茶经三十年的木香气；十年，有"青饼"茶经五十年的丹药香气，味道变化更美妙。举两个实例说明。辛卯（2011）"北斗老茶"；戊寅（1998）"九八老茶"，又名"佛国甘露"。

北斗老茶

　　"北斗老茶"，得茶是在二〇一一年底。闻干茶知道，火气正强，压住了茶气，需要放一段时间。第一次试品，已转过年，壬辰正月底。第一泡入口，火气即已锁喉，茶艺师说，还要等一年。又一年，癸巳正月再泡；再一年，甲午正月又泡，火气依然，仍喝不出好感觉。直到第四个年头，"北斗老茶"才展现出迷人的魅力。茶气，同时有肉桂"辛霸"，有水仙"温润"，"棉里裹针""刚柔兼备"，经年后韵致倍加淳厚，这让有经验的茶艺师也感到意外。其后，每年必要品饮，时间多在春秋季。曾也有"吐酸"转化期，但不妨碍品饮。岁月匆匆至癸卯，十二年过去，二〇二三年四月二日再品"北斗老茶"，实录如下。北斗干茶，已变为熟褐色，条索紧实。有药香，焦糖香，似还有巧克力味。用银壶，烧桐木关山泉水。第一泡，汤色如琥珀，

深沉、透亮。口感，有参香，丹药香。杯底，留有极浓的熟果香、果酒香，并兼有木质香。第二泡，汤色琥珀，更深、更亮。口感，有辛香，有药香，有熟果香、干果香。杯底，熟香中又变化出乳香。舌下涌泉，鼻腔留有同样浓香气。手心、脚心，腋下、额头，已微汗。第三泡，水冲入碗，香飘满室。琥珀汤色更觉浓艳，温润、通透、晶莹光亮。口感，熟果香、干果香、果

酒香更浓，化出熟糯香。花香带粉，混入些乳香、糯香、焦糖香，合并若北方传统糕点"到口酥"味道。满口生津，粘甜在喉，却显得极清爽。杯底香气、水中香气、与口鼻香气一致，香水如一。最美妙的第三泡，汤润如玉、液若琼浆，入口、过喉、直入腹底，温暖全身。北斗茶气，已挥发到全身每一个汗毛孔，让人感到身心都放松了，通透了。在座品茶人，感觉不一样，

茫茫乎，昏昏乎，飘飘乎，形态各异，皆陶然其中，难以自拔。第四泡，汤色，琥珀深度稍减，明亮度增加。口感，与第三泡相像，香气变化也多。杯底香，稍停顿即变，传杯每个人，闻到时，香气已有差异。发汗更显，身心舒适更显，有人说"给个神仙做也不换"。第五泡，除汤色开始递减外，口感、杯底，"熟香"已至顶点，糯香、糯汤感亦至顶点，身心舒适已达极致。第六泡，与第五泡相像，不同是，口感、杯底香，由"熟"向"生"（青）回返，第七泡，

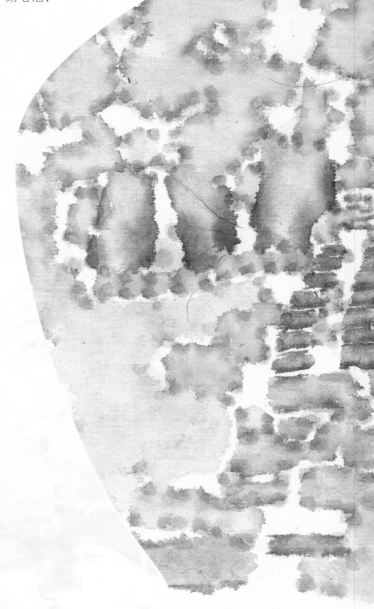

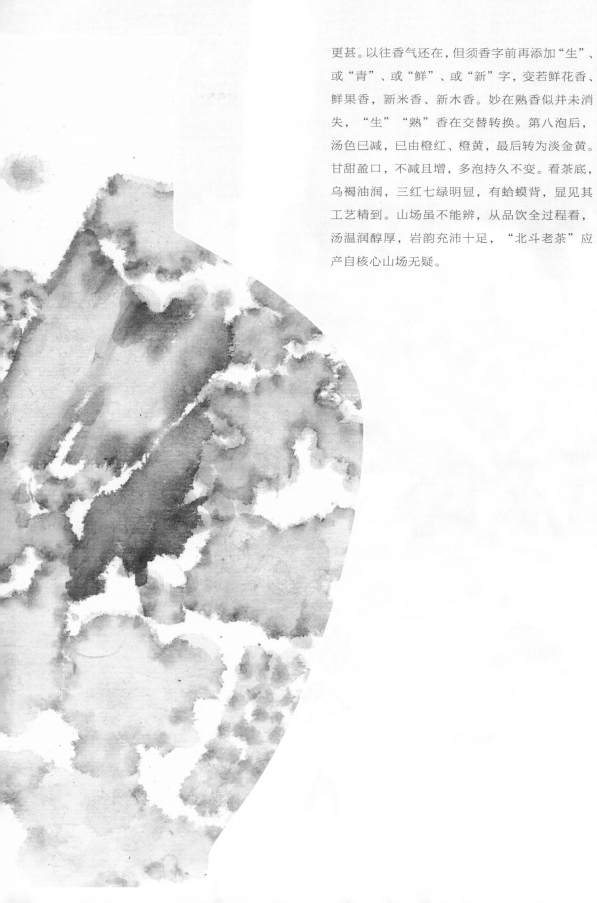

更甚。以往香气还在，但须香字前再添加"生"、或"青"、或"鲜"、或"新"字，变若鲜花香、鲜果香，新米香、新木香。妙在熟香似并未消失，"生""熟"香在交替转换。第八泡后，汤色已减，已由橙红、橙黄，最后转为淡金黄。甘甜盈口，不减且增，多泡持久不变。看茶底，乌褐油润，三红七绿明显，有蛤蟆背，显见其工艺精到。山场虽不能辨，从品饮全过程看，汤温润醇厚，岩韵充沛十足，"北斗老茶"应产自核心山场无疑。

九八老茶

　　"九八老茶"，得茶是二〇一八年。老茶山场是佛国岩，所以别名"佛国甘露"。二〇一八年，资深岩茶专家 H 老，发现一九九八年留存下来佛国岩老茶，随即介绍到"五乐亭"。老茶复焙后得少许，弥足珍贵，保存至今，不肯轻易示人。当年，尚不风行单一品种采制，老茶是混采、混制，已难分出其中品种。可遇不可求，九八老茶留存、发现实属偶然，

稀之又稀，可谓绝响。又过五年，二〇二三年三月二十五日，小聚再品九八老茶，兹记录如下。观干茶，乌褐偏绿。看条索，齐整、坚实，始见松弛。闻干茶香，有红茶香、微微药香。用银壶，煮玉泉山水。冲第一泡，坐杯五至八秒出水。汤色，深棕红。入口，非常饱满，旋而即化。继而，舌下生津若泉，温润轻柔，团团绵绵，漫溢满口，似忘乎齿龈舌颊在。下咽，

了无阻碍，若直落腹底。丹药香极显，或曰，参香充盈，又都蕴含于焦糖香即熟香感中。茶气，忽如一股热流，迅即传遍全身，美妙非常，有人嗝出嗳气。杯底，留香与口感同步，熟丹药香、参药香，皆溶于浓郁熟糯米香中。冲第二泡，坐杯八至十秒出水。汤色，深棕红或曰酒红，色泽渐亮。入口，茶气总如第一泡，似更温润爽滑，热流更强大，全身每一个汗毛孔都已张开，敏感人，手心、脚心开始微微发汗，全身轻松如沐春日和风，心旌荡漾，似清池涟漪。香浓依旧，杯底，焦糖香中参药香、丹药香似已微微变化。冲第三泡，坐杯十至十五秒出水。汤色，深琥珀，色泽晶莹。入口，即觉参香、药香于焦糖香中又加些许辛香（肉桂感）。茶气夺人，更上一层楼。停杯，在座同时发声赞叹。是时，春寒尚未去远，有人额头

却已津津渗汗。杯底，焦糖香气中，参、药香或隐或显，渐渐又化出丝丝乳香，其妙确也难言。冲第四泡，坐杯十至十五秒出水。汤色，琥珀色更亮，晶莹通透。口感，在焦糖香中参香、药香继续变化丰富，有木香感、桂皮香感、糯香感。茶气作用不可能完全一样、产生的联觉或不尽同，各有所说，议论热烈。这时看在座诸位，兴奋神态也然然各不同，若非亲历很难想象得出。杯底，香气与口感一直同步，不过乳香、糯香变熟，生出传统老糕点香，似一刹那回到儿时记忆。冲第五泡，坐杯十五至二十秒出水。橙红色，明亮通透。口感，参、药香气递减，木香、糯香加强。茶气稍减，茶味却厚，岩韵突显，甘味十分。即刻，为有如此岩茶缘，感恩之心油然而生。杯底，香气再

出变化，熟化香气若减若变，隐隐露出生香、鲜香，若花、若果，又非花、非果，是复合的生、鲜香气。这样的感觉，一直恒持，时时交替变化，延至第六、七、八泡之后。十数泡后，再注水，坐杯六十分钟。汤色，琥珀色。晃动公道杯，茶汤挂杯沉重。口感，冷茶味甚佳，甚妙，让人能回过神儿，似从头再品味一遍"九八老茶"，一切感觉都还在……是时（傍晚七时），再烧水冲泡，坐杯十二小时。次日，晨七时出水。茶汤，琥珀色深重。晃动公道杯，清亮如油。口感，妙处无法言说。杯底冷香更绝，不知道是否产生错觉，在淡淡花果香后面，似闻到了微微的茶籽油味儿。再看茶底，乌褐油润。叶片，确知不是单一品种。论茶等级，应属于一级好茶。

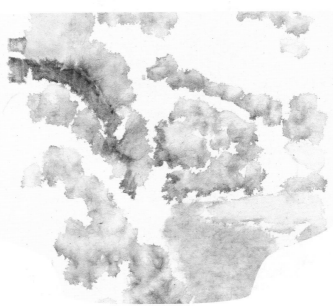

同碣膽如勳千巖俱向

謹昆崙鹿其流溝蕐永臻嵏密承澗塢

班得雨涌如若乃申媤媋之無已復壑靜而多

笔三文稹帰拔棄三相連軟遠惠然于里雹凄寒而凋冷

择水记

　　"水为茶之母",品茶必要择水。还有一句话更有意思,"八
分之茶,遇十分之水,茶亦十分矣;八分之水,试十分之茶,茶只
八分耳"(明·张大复《梅花草堂笔谈》)。好茶必须好水,没有
好水,也没有"好"茶。品茶择水,历代茶人共识:无论泉水、溪
水、江水、湖水、井水,乃至雪水、雨水,皆以源活、味甘、品清、
质轻为好。据历代烹茶著述说,"烹茶于所产处无不佳,盖水土之
宜也"。茶,"南方之佳木",南方宜茶佳水自然多。最宜品岩茶的,
当然是武夷水。

　　清代曾有一任武夷县令陆廷灿，在《续茶经》中对武夷山泉水有过概述，列举佳泉后，说"其最下者，亦无硬洌气质"。依前人记载考察验证，《武夷茶经》在记宜岩茶武夷泉水，排序为：虎啸岩"语儿泉"，天柱峰"三敲泉"，桃源洞"金砖泉"，仙掌峰"碧高泉"，水帘洞"珠泉"，伏虎岩"金沙泉"，大王峰"寒碧泉"，茶洞"玉华泉""澹泉"，还有"九龙涧水""流香涧水""章堂涧水""遇林亭泉水"等。武夷山是国家级自然保护区、世界文化遗产，水源不允许经营开采，少有人能用上述山泉水品岩茶。陆羽之后，品茶择水代代不乏著录，实浩繁难尽其详。唯今古沧桑，许多著述已不适应时下用。

如今，饮用水安全堪忧，水源污染严重，远离污染在当下是最重要的问题。对大众而言，泡茶择水是奢侈的事。从净化管道"自来水"始，进一步才是桶装、瓶装水（全国东西南北中各大地区，各大中小城市，都有桶装、瓶装水。没见过确切统计，怕是逾千不止）。净化"自来水"品茶，显然差强人意；桶装、瓶装水，也不一定，更不知能否适宜品岩茶。最知名品牌桶装、瓶装水，在全国各地都有水源产地。若论泡茶，尤其是泡岩茶，一定是南方比北方水更宜泡茶；泡岩茶，一般是东南部（更靠近武夷山）。西南一般不成，要试，要以泡出好茶才能算数。我国地域辽阔，南、北、东、西差异极大，要依茶觅水。北方不乏优质山泉、名泉，但大多不宜岩茶。然也有例外，北京明、清两代宫中皆用玉泉山水，乾隆皇帝敕封"天下第一泉"。近年偶得玉泉山泉水试岩茶，竟"茶味十分"，第一泉果然名不虚传；又用同方位，大觉寺"碧韵清泉"水试岩茶，茶味亦佳；用"金山寺""凤凰岭"天然山泉水试，岩茶韵味皆可。几处天然泉水，秋末至来年春仲少雨时更妙，实幸之又幸也。还有一例，北方雪水试岩茶。一位香港朋友来北京投资做"超轻水"（低氕水），取呼伦贝尔人迹罕至常年不化雪做"超轻水"，此等"雪水"试岩茶，确绝妙无比。古人早有"雪水试茶"说，看来并非"讹传"。

红 水 痕

秋水无痕
55cm×50cm 2019 年

因爱岩茶，随处留意山泉，湖南醴陵得"珊田泉"；泰山碧霞元君行宫侧黄花洞，遇"灵异泉"。欲品岩茶，各地爱岩茶人必欲先择其水，所居之地或如北京能有例外，"幸"也未可知。莫负好岩茶，一定要求好水，实不得已，可用良好水源的纯净水，其外，怕别无选择。

Introduction

癸卯武夷问水日志

五月十一日

　　高铁晚八时许到南平，驱车至武夷山，下榻九龙湾"山水间"宾馆。

十二日

　　X 老来访，用大瓶装水（5 公斤装）泡茶，不相宜。上午访九曲溪南"燕子窠"，半山茶肆品茶。问水，是桐木关"武夷峰"定制山泉水，冲自带"慧苑老枞梅占"，香入山风，茶味极妙。归途绕道，倒掉大瓶装水，接"永生泉"水。午后至龙川，入景区观瀑为时已晚，沿途至"龙潭瀑"桥，在路边亭用便携式茶炉煮"永生泉"水品茶。昨夜大雨，永生泉似带"雨味"（"茶淡"），茶味尚好。"牛栏坑肉桂""竹窠老枞"茶韵皆佳，一如亭下湍急溪流，有"声"有"色"，能荡涤心胸。同行人言，亭下溪水也曾试茶。随下、上打水，试泡"老枞梅占"。可惜，未能如愿，茶气尚可，水涩锁喉，饮罢发声微显嘶哑。

十三日

上午进入景区，一行中三人第一次来武夷，准备登天游峰；余皆坐晒布岩下茶肆品茶等候。知茶肆"天游峰"泉水，不如"永生泉"。虽以"永生泉"再品昨日茶，茶没"雨味"，细思之，恍然明白。非水误茶，是便携式铁壶误水。壶铁薄、质劣，水温不足，且野外山风散热快，自然不及今日茶肆用钢精电热壶煮水，茶味所以更佳。下午，再分两队。初来武夷三人，至星村码头登筏游九曲；其余再取"永生泉"，至白云岩山访"白云寺"。一个小时山路，八千余步，汗滴石阶，衣湿粘身，

当安坐"白云寺"禅房茶室，坐享临窗微风，顿觉得十分惬意。茶房雅静，坐下即已放下，心中唯余泡岩茶之想。即再煮"永生泉"冲泡"牛栏坑肉桂"。茶气好强大，岩韵无与伦比。茶气借汗水已经打开全身汗毛孔挥发，顺畅无阻，通遍全身，身体恍惚变成一张"大网"，通透、豁达、爽朗无比，俨然在飘，飘上了天。飘飘乎后，却亦能静想，知道不是茶气、岩韵更强大。水如故、茶如故，是此地、此时、此身、此心不同，而感受不同，茶于人，人于茶，人茶可合一矣！

十四日

再进景区，走岩茶沟，瞻仰岩上"大红袍"。原想对面茶肆以是地山泉水试茶。人太多，环境嘈杂，品茶不宜，只好作罢。再行，走流香涧，至慧苑寺，访一玄师。用慧苑山泉水，试产自是地茶"慧远坑老枞梅占"。水，清冽绝妙；茶，和合妙绝。梅占老枞，回故里、得故水，相得岂有不佳之理。茶汤，琥珀色，清亮无比；茶香，花、果香具足，入口过喉，甘饴醇厚。先觉有微微清苦于舌上，往日试茶似从未有此感觉，妙！这微微"清苦"，又满口回甘，太有意味了。若无此"苦"，似不足以知岩茶其所以谓"清"。耐人寻味的"清"，怕是慧苑山泉水发茶独妙之处！再试它茶，这"苦""清"依旧。慧苑寺外高树下，与一玄师问水、问茶，似怀抱清风，吐纳山岚，觉飘飘然。临行，放"永生泉"入溪，换"慧苑泉"满桶，甚美。下午由 X 老再陪，到香江"曦瓜 1 号"著名品牌茶厂参观。"香江"待客茶，可忽略不计；问水，用大安水源定制专用水，专用水与市场销售大瓶装泡茶水相比好许多。晚回住地，用"慧苑寺泉"再试茶，仍兴奋不已。

武夷山外
岩茶
说

武夷山花

55cm×50cm   2019 年

十五日

　　上午报备开车入景区去天心禅寺，在"牛栏坑"口下车，寻山路而上，探访武夷第一肉桂茶山场。入山不远，但闻水声，却不得见。茶青全部采摘过，在修剪养枞枝叶间，仔细看，还有极少漏采新芽，在阳光下鲜亮夺目。中道，山壑渐窄，茶田亦少，溪水入目，淙淙声悦耳入心。溪水边，一野枞多有新芽。不远处，见肉桂茶田中，两枞水仙不知何故未采。两处新芽，一微紫、一嫩绿，极为醒目惹人。随手摘溪边紫芽含于舌下，清苦；渐变，又显微甘，微甘中，恍能觉出岩韵。噫！意外心得，心也亢奋，荡漾若春江之水。同行人皆陶醉于一壑"肉桂"茶香之中，不足一小时山路，迟迟盘桓近两小时。待到天心禅寺，坐廊间，用"永生泉"泡茶，心还在牛栏坑山路上。也是有缘，九年后再遇泽道住持，住持正忙，未及叨扰问水、问茶。天心岩、牛栏坑可有最近泉水？若以最近泉水，冲泡武夷"第一牛栏坑肉桂"味道又该如何？当时，天空现五彩双日晕，吉象，是兆再来之缘？下午，离开武夷山，走分水关，赴江西三清山。

十六日

上午游三清山，风光不记。时近中午，"玉女峰"下茶肆小坐，清风习习，心境极佳。问水，主人说是山中自涌泉，怕水硬不宜，即泡"巧克力"（逾十余年高枞水仙，复焙压成小方饼，锡金纸包装一如巧克力，故名）茶试水解渴。未料想，茶汤宛如干邑白兰地美酒，晶莹通透，入口亦佳。茶香浓郁，花香、果香、木香、药香，先熟、后生，颇多变化。回想品泡此茶，记忆中竟也是最好的。不过，喝到最后还是略带涩口，咽喉有些不适。下午，驱车再返回武夷山，仍住九龙湾"山水间"宾馆。是晚，试用宾馆定制"九龙山庄"瓶装水（产地明示，大安分水关自涌泉水）试茶，比同产地桶装水要好。

十七日

上午拜访F总茶厂，不遇，由厂主管代陪，品去年轻火焙茶两款，"虎啸岩肉桂""水帘洞老枞水仙"。茶，香气显、变化多，回甘也快。问水，用定制专供"永生泉"，专供泉水比路边自取泉水更宜岩茶。下午，转路去Y总茶厂。主人盛情，先品去年一款正岩"肉桂"，忘记问山场；再品"慧苑坑老枞梅占"。此款茶，Y总非常自信。介绍说，去年五月做青走水焙后，搁置至十一月，一次足火复焙四十余小时。一经冲泡，花香、果香，层出不穷，变化确多。甚为称奇之处是回甘，老枞越泡甘饴越浓，十数泡仍然不减。问水，用"武夷峰"定制山泉水。品饮之中忽然想，若用"慧苑寺"山泉水，品此款"老枞梅占"，茶必定会更上一层楼。

十八日

十八日。归程之日上午，访"止止庵"问水、品茶。入得庵内茶室，等石道长洒扫庭院毕，落座即煮水品自备"牛栏坑肉桂"。是时茶，香清甘活、超凡脱俗，有如神助。其妙处，往日之泡完全无法与之相比。问水，道长言，是"桃花溪"山泉水。"桃花溪"山泉水比"慧苑寺"山泉水更胜一筹。冲泡之时，茶味于舌前亦留有妙不可言说之清苦，"慧苑寺"似显，"桃花溪"若敛，而更助于回甘。内涵清苦，

甘饴不腻，其动人之处，文塞语阻，不知该如何形容了。一时泡茶人忽生异想，将小茶砖"巧克力"一颗投入煮水钢精壶中，小茶砖倏尔化散为叶，迅即出水，太妙了！茶汤，浓橙透亮、润滑醇厚、甘饴清爽、岩韵充沛，远胜三清山神女峰高山泉冲泡。小茶砖冲泡，是时已成峰巅，怕无以再！"巧克力"乃高枞水仙，言之"八分"尚属勉强，今"桃花溪"山泉可谓"十分"，"十分水"助"八分"茶，得"十分"

雪中不辨几曲岩

55cm×50cm　2019年

茶矣。快哉，前人之言不虚，今有实证。武夷水得造化独厚，若问山泉、溪流，知名者可数，未名者无数；若说经营茶业单位、个人，总计近万数，各家之茶皆须择水，宜茶"十分"水知多少？但可等有缘人慢慢细细地访问罢。此行听到一事儿，几位武夷茶人，做了一次最接地气"择水"试验。选购当地商店有售纯净水、矿泉水两种，又选"自来水"、净化"自来水"，冲泡同款茶，结果出人意料。净化后"自来水"，第一；"自来水"，第二；"纯净水"，第三；"矿泉水"，第四。只能这么理解，武夷山市管道"自来水"，水源好，即宜岩茶。这没有可比性，全国任何地区"自来水"一定不能和武夷山市相提并论。

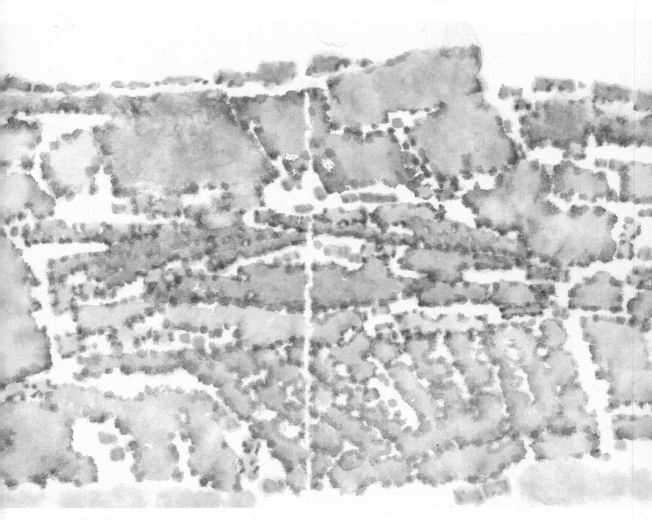

茶树一树一金值　54cm×56cm　2019 年

器用记

"茶滋于水，水藉于器"（明·许次纾）。岩茶用器，以不碍茶"味"为准。味滋于水，器自然要从煮水用器说起。虽然仍有人用陶炉、木炭加热，如今用电（磁）炉加热煮水是大多数。不仅为方便，更因为加热全过程，电（磁）炉不对水"味"产生任何影响。从"味"说，煮水壶已有经验，银壶优于铜壶；铜壶优于铁壶（钢精壶在"铁"壶列，方便打理优于铁壶），壶不同，煮水差异明显，泡茶口感不言而喻。总而言之，器不负水，水不负茶。品岩茶，分盖杯泡法、壶

泡法。盖杯（瓷）泡法，多于壶泡法，宜观茶且不碍茶。岩茶审评，无论产品审评，或斗茶赛，多用盖杯泡法。是同一质地盖杯（白瓷），对所泡茶没有"质"的影响，准确、公平。盖杯瓷白，更宜于观，高温瓷釉，不减茶气。壶泡，讲

究用紫砂壶，壶砂质不同；新、老（养）不同；"养"与"养"不同（养护方法不同，即优、劣不同），对茶味影响大，向来有"一壶一茶"说。真讲究，养壶宜专，养必择茶，不能乱泡，乱泡亦毁其"养"。

　　岩茶尤其难用紫砂壶泡，品种太多，枞种百余，又分山场，一壶不宜，百壶则岂不奢。品种不同、山场不同、茶味不同，紫砂壶难以应对。味若不纯，岩茶即失去许多意"味"。近年有见银质壶泡茶，比紫砂壶要好。公道杯（称茶海），玻璃杯好，易观汤色，白瓷杯稍逊。玻璃不一样，高温精制，质地更好，价格也比水晶。品茶盏，同样瓷器居多，形制小，以易闻香才好。若不闻盏底香，品岩茶就少一种享受。品茶人，流行自带杯（盏），自带因人，确见个性。用个"价值连城"或"名家绘制"的古老物件也见有。茶席、茶台等，及个

中常用物件，品种、品相繁多，随人选择，不必一一细说。岩茶保存非常讲究，即品之茶，多密封小泡袋；存而待品之茶，可以打大泡袋；泡袋难存久，存久又方便随时品饮，还是锡罐好。岩茶讲究老茶，"本年之新茶，非过中秋不饮，过此则愈陈愈佳"（近代·蒋希召）；"藏得深红三倍价，家家卖弄隔年陈"（清·周亮工）。即知，存茶极受重视。如今茶厂，特级茶，多用白铁皮桶罐封装；一、二级茶，多用塑料袋外加纸箱封装；两种封装，防潮湿、防异味、经年久存，皆不及做工精良的锡罐。

举两个锡罐存茶实例：

一、乙未，即二〇一五年，存"三仰峰老枞水仙"（两斤装）。存后每年品饮，越久越佳，越变越活，茶气不减，韵味不减，浓郁醇厚有加，仍能保持初始之"香、清、甘、活"，不解锡罐何能有如此功效。尤其是，戊戌·二〇一八年，暑湿特殊。不管如何封装，只要打开，湿气即已入茶，味杂怪异，不复焙，难以再饮（小泡袋也只可全部打开复焙）。暑湿过后，唯锡罐所存茶无杂味，无需复焙，茶气、茶味依旧。

二、庚寅·二〇一〇年，存"野茶"（一斤装）。野茶"老火"，焙火过足，前三年品，"火"味锁喉，无法接受。第四年见好，打开品饮次数渐多、茶味亦诱人。八年后，茶味绝伦，所向披靡，无以可比，且增一年，似又上一格。两罐茶，先空一罐；另一罐，减少速度也快。今叹所余无多，后悔往昔许多茶，没能留到如此最佳境界时候，悔之晚矣。

雅聚

岩茶一泡袋（八克），用盖杯，冲泡一次（用水约一百六十毫升），若是好茶，差不多要冲泡至十一二次，（水量，总要一千五百余毫升），若一人饮，太多了。两人品，好些，仍嫌有余。最宜三五人雅聚，找个好去处，小坐半日，又能惬意多品几泡茶。

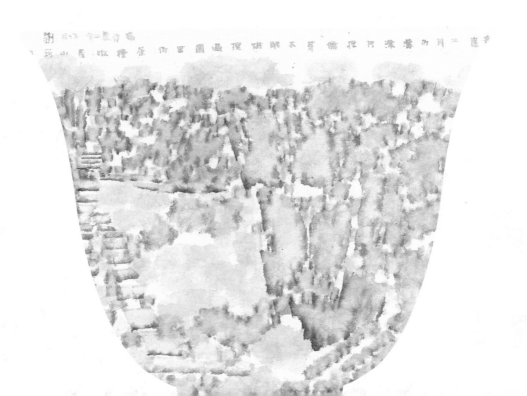

若说雅聚品茶，北京有一好去处，四时皆宜，春秋更佳，是"大觉禅寺"。"大觉寺"最早名"清水院"，历史悠久，始建于辽代，依西山面东修建，建成名噪一时。金代成为皇家行宫，是金章宗西山"八大水院"之一。"清水院"，因有灵泉穿西墙而入得名。灵泉依院内主体建筑，左右分两路而下，又在主殿前相合成池。池上建桥，分池左右，各种莲花，一红一白，清雅幽静。"清水院"后改名"灵泉寺"，明代又在旧址重建，更名为"大觉寺"。"大觉禅寺"在清代康乾时期成为敕建，为乾隆皇帝特别关爱而闻名天下。"大觉禅寺"经清代不断修葺扩建，中部为庙宇，右部为僧房，左部为行宫，如今基本保留当年建筑格局。"大觉禅寺"建筑，因历史沿革，非常少见，保留坐西朝东，即辽国契丹人朝日式格局，这很有文物价值。

　　"大觉禅寺"有"三绝"。一是,从西向东分两路穿寺而行泉水,"碧韵清泉"(近年,溪流断水多、流水少);二是,无量寿殿前两株古银杏树,其中一株雄性,树龄已有千余年,树干六七人合围,树冠高大遮天。每至深秋,银杏叶黄,像是身披金甲"巨灵神"从天降落,"金光"荫护整个院落,辉煌灿烂无比。三是,南部院中一株三百年玉兰树享有盛誉。与法源寺丁香花、崇效寺牡丹花,一起被称为北京三大花卉寺庙。每年玉兰花开,赏花游客不少,一时间,挺大院落似被花朵、游人撑破。"大觉禅寺"是全国重点文物保护单位,禁"香火",也少了闲杂人,平时很清静。为方便游客驻足,流连历史文化及自然环境,南部院开设有"绍兴餐馆"和"明慧茶苑"。"绍兴餐馆"菜品,地方特色或与同类餐馆相仿佛;"明慧茶苑"独占一院,四季皆宜,室内外可设茶席,宽敞雅致,极近人意。更妙是泡茶用寺内"碧韵清泉"水。第一次用"碧韵清泉"水冲泡岩茶,欣喜若狂,没想到,水极宜岩茶。在场皆"岩茶痴"兴奋不已,像"哥伦布发现了新大陆"。而后常来,春秋居多,尤其深秋,银杏叶黄了必是要来的。不全为看银杏叶,岩茶刚上市,恰也是"碧韵清泉"水一年最清冽佳妙时节,试新茶最好。

后记

　　门外，是指武夷山门之外。无论从武夷哪一个山门，去九龙窠岩茶沟，瞻仰岩上"大红袍"都够"遥远"。游景区，必要走三条路线：登"天游峰"，俯瞰三十六峰丹山之胜概；漂"九曲溪"，体会溪涧九转十八湾碧水之起伏；走"岩茶沟"，看岩上"大红袍"究竟岩茶之神奇。丹山、碧水有灵，心若能通，一登、一漂，或可一见钟情，成终生知己；岩茶则不然，其委婉，如贤、似圣，诚心以求，怕十年难悟其"道"、难结其"缘"。癸未年（2003），初见岩上大红袍，略识岩茶。癸巳年（2013），转眼十载，岩茶知之仍甚少。翌年五月，再作"武夷问茶"行，凡十一日。曾遍走"三坑两涧"核心产区茶山；拜访资深茶人，茶厂；识茶知韵，似乎又上一格。嗜茶，亦近乎痴。而后画茶山、名枞花名三百八十余篇；庚子年（2020）有"武夷问茶"画展一，画集二，仍未能尽兴。知岩茶、细究竟，真是太难，自知如"盲人摸象"。癸卯年（2023）又十载。五月，为去"盲、摸"行状，成"武夷问水"行。历时七日，复大有所获，自觉去"盲、摸"行状不远。随不揣拙陋，撰《武夷山外说岩茶》十二章，乃记二十年"盲、摸"体会。天下初近岩茶人若见之，能少些"盲、摸"，实善莫大焉。更想得遇"明白人"，不吝赐教亦不枉余生所痴也！

二〇二三年八月八日

癸卯立秋于放心斋

图书在版编目（CIP）数据

武夷山外说岩茶 / 刘牧著. -- 济南：山东画报出
版社, 2024. 12. -- ISBN 978-7-5474-4471-9

Ⅰ. TS971.21-64

中国国家版本馆CIP数据核字第20247ZW265号

WUYISHAN WAI SHUO YANCHA

武夷山外说岩茶

刘牧 著

责任编辑	于 滢
装帧设计	张润发
摄 影	王 涛
武夷山岩茶制作、品鉴顾问	祝文建

出 版 人	张晓东
主管单位	山东出版传媒股份有限公司
出版发行	山东画报出版社
社 址	济南市市中区舜耕路517号 邮编 250003
电 话	总编室（0531）82098472
	市场部（0531）82098479
网 址	http://www.hbcbs.com.cn
电子信箱	hbcb@sdpress.com.cn
印 刷	北京启航东方印刷有限公司
规 格	185毫米×260毫米 16开
	11.5印张 192幅图 100千字
版 次	2024年12月第1版
印 次	2024年12月第1次印刷
书 号	ISBN 978-7-5474-4471-9
定 价	128.00元

如有印装质量问题，请与出版社总编室联系更换。